Umberta Andrea Simonis

Mitarbeitende im Handwerk anziehen und binden

IMPRESSUM

Bibliografische Information der Deutschen Nationalbibliothek
Die Deutsche Nationalbibliothek verzeichnet diese Publikation in der Deutschen Nationalbibliografie; detaillierte bibliografische Daten sind im Internet über http://dnb.d-nb.de abrufbar.

Wichtiger Hinweis
Die WEKA Media GmbH & Co. KG ist bemüht, ihre Produkte jeweils nach neuesten Erkenntnissen zu erstellen. Deren Richtigkeit sowie inhaltliche und technische Fehlerfreiheit werden ausdrücklich nicht zugesichert. Die WEKA Media GmbH & Co. KG gibt auch keine Zusicherung für die Anwendbarkeit bzw. Verwendbarkeit ihrer Produkte zu einem bestimmten Zweck. Die Auswahl der Ware, deren Einsatz und Nutzung fallen ausschließlich in den Verantwortungsbereich des Kunden.

WEKA Media GmbH & Co. KG
Sitz in Kissing
Registergericht Augsburg
HRA 13940

Persönlich haftende Gesellschafterin:
WEKA Media Beteiligungs-GmbH
Sitz in Kissing
Registergericht Augsburg
HRB 23695
Vertretungsberechtigte Geschäftsführer:
Jochen Hortschansky, Kurt Skupin

WEKA Media GmbH & Co. KG
Römerstraße 4, 86438 Kissing
Fon 08233.23-4000
Fax 08233.23-7400
service@weka.de
www.weka.de

Umschlag geschützt als Geschmacksmuster der
WEKA Media GmbH & Co. KG
Umschlagfoto: © Anrita1705/Pixabay
Satz: WEKA Media GmbH & Co. KG, Römerstraße 4, 86438 Kissing
Druck: Plump Druck & Medien GmbH, Rolandsecker Weg 33,
D-53619 Rheinbreitbach
Printed in Germany

ISBN 978-3-8111-1927-7

Inhalt

Die Autorin

Umberta Andrea Simonis

Die Spezialistin für Servicekultur im Handwerk und Bestsellerautorin Umberta Andrea Simonis zeigt seit 1996, wie Kundenbegeisterung und Mitarbeiterbindung erfolgreich Hand in Hand gehen. Mit ihrem Team hat sie ihre handwerksspezifischen Praxistrainings mit über 50.000 Azubis, Mitarbeitern und Führungskräften erfolgreich durchgeführt. Die Autorin vermittelt auch in Büchern, Fachartikeln, Webinaren und Social Media, wie heute ein erfolgreicher Umgang auf Augenhöhe zwischen Handwerker und Kunde aussieht. Als Beraterin entwickelt Umberta Andrea Simonis maßgeschneiderte Servicestandards, die für eine erfolgreiche Positionierung am Markt sorgen und zu einer Absicherung der Unternehmenszukunft mit passenden Mitarbeitern beitragen.

Weitere Informationen:
www.simonis-servicekultur.de

oder nutzen Sie den **QR-Code.**

Mehr passende Mitarbeitende für Sie – nutzen Sie Ihre 8 wichtigsten Potenziale!

Umberta Andrea Simonis, die bekannte Expertin für Servicekultur im Handwerk, teilt ihre Erfahrungen, wie Sie als attraktiver Arbeitgeber genau die richtigen Menschen in Ihr Unternehmen ziehen, halten und deren Potenzial zum Blühen bringen.

Intro

Auch nach den Coronapandemie-Jahren finden wir uns im gefühlten Dauer-Krisenmodus wieder: lähmende Inflation, zehrender Fachkräftemangel, ein fürchterlicher Krieg in Europa, erdrückende globale Themen wie der Klimawandel … Das zehrt an den Kräften. So kann es sein, dass auch der Handwerksalltag mit hohem Auftragsdruck und andauerndem Stress mehr in Grenzen statt in Lösungen und Möglichkeiten gedacht wird. So geht viel Energie verloren und oft wird das enorme Potenzial des Unternehmens und des Teams nicht annähernd ausgeschöpft.

Dabei sind die Aufgaben im Handwerk so erfüllend und sinnstiftend: Als erfahrener Problemlöser die Heizung wieder zum Laufen bringen, als Gestalter und Umsetzer das Zuhause von Menschen schöner und sicherer machen, etwas fürs Klima tun, Menschen passend beraten und sie glücklicher machen … In jedem Gewerk steckt diese tiefe Befriedigung, etwas zum Guten zu wenden, die Welt zu einem besseren Ort zu machen, etwas zu bewirken und zutiefst Sinnvolles zu tun.

Darum ist es wichtiger denn je, sich der **einmaligen und oft ungenutzten Kräfte und Potenziale** im Handwerk bewusst zu werden, die Sie sich mit Ihrem Team noch mehr vor Augen führen und verstärken können. **Macht und Gestaltungsmöglichkeiten statt Ohnmacht** – dazu bieten sich auch heute konkret für Sie und Ihren Betrieb greifbare Chancen! Ergreifen Sie diese und lassen Sie sich hier erprobt und praxisgerecht inspirieren!

Ich zeige Ihnen in dieser Broschüre, wie der Arbeitsalltag und ein **Miteinander zum Auftanken, Sichstärken und Sich-gegenseitig-Aufbauen** aussieht statt das bekannte Hamsterrad, das uns auslaugt und kaputtmacht.

Los geht's!

Fachkräftemangel im Handwerk

Stell dir vor, es ist Krieg, und keiner geht hin.

(Carl Sandburg)

Stell Dir vor, Du hast Aufträge ohne Ende und keiner geht mehr hin zum Montieren!

Eines ist klar: Fachkräfte und verlässliche Mitarbeitende sind mittlerweile gesuchter als Kunden. Menschen, die anpacken, sind anspruchsvoller zu rekrutieren als Kunden. Diese versuchen oft händeringend, ihre Anliegen bei Handwerkern unterzubringen, um dann teilweise aufs nächste Jahr vertröstet zu werden. Denn fachlich versierte Menschen fehlen überall, um die Wunschprojekte der Kunden umzusetzen.

Gerade im Bereich des Bauhandwerks (Elektrik, Sanitär-, Heizungs- und Klimatechnik, Metallbau, Innenausbau) fehlen Stand Jahresende 2023 über 56.700 fachlich qualifizierte Mitarbeitende – Meister und Führungspersonen gar nicht mitgerechnet.

Das Handwerk in Deutschland wird dazu noch von einem massiven Mangel an handwerklichem Nachwuchs gelähmt. Knapp 40.000 Ausbildungsstellen waren im Jahr 2023 unbesetzt.

Besonders groß ist der Bedarf bei den „Klimaberufen", ausgerechnet also bei jenen Gewerken, die für die Energiewende dringend benötigt werden. Und gerade diese melden die größten Schwierigkeiten beim Finden von Fachkräften. Das ist fatal und in Werbekampagnen des Handwerks werden diese gesuchten Fachleute als Heldinnen und Helden der Zukunft und Retter der Welt beworben.

Sehen Sie mehr hier:
www.handwerk.de/zukunft

oder nutzen Sie den **QR-Code.**

Handwerk neu denken … und leben!

Dennoch – die gute Nachricht vorneweg: Gerade im Handwerk besteht die Chance, Mitarbeitenden genau das zu bieten, was sie sich wünschen. Und dass Arbeiten immer mehr zum „Wunschkonzert" wird, ist kein Trend, sondern Realität.

Schauen wir also zuerst einmal auf die Rolle der Arbeit und was für Menschen heute dabei wichtig ist:

Rolle der Arbeit: Geld und Sinn müssen stimmen

Ich arbeite vor allem, um Geld zu verdienen.	**80 %**
Ich möchte einen Sinn in meiner Arbeit sehen.	**74 %**
Interessante und abwechslungsreiche Arbeitsinhalte sind mir wichtig.	70 %
Mein Beruf ist ein wichtiger Teil meiner Persönlichkeit.	56 %
Ich möchte mich als Experte für einen bestimmten Bereich qualifizieren.	52 %
Ich identifiziere mich mit meinem Betrieb.	52 %
Ich möchte durch meine Tätigkeit gesellschaftlich anerkannt werden.	43 %
Mir ist wichtig, Arbeit und Privatleben vollständig voneinander zu trennen.	38 %
Ich möchte eine Karriere als Führungskraft mit Personalverantwortung.	36 %

Mehrfachnennungen möglich.

Quelle: Randstad-Mente-Factum-Arbeitnehmerbefragung, 2021

Arbeitgeberwahl: Was Betriebe bieten müssen

Arbeitsplatzsicherheit	**68 %**
attraktives Gehalt und Sozialleistungen	**67 %**
angenehme Arbeitsatmosphäre	**63 %**
finanzielle Stabilität des Unternehmens	56 %
Work-Life-Balance	54 %
gute Schulung	49 %
Möglichkeit zu Homeoffice/mobilem Arbeiten	43 %
gesellschaftliche Verantwortung	36 %
Diversität und Inklusion	35 %
starkes Management	32 %
Nutzung der neuesten Technologien	29 %

Mehrfachnennungen möglich.

Quelle: Randstad-Mente-Factum-Arbeitnehmerbefragung, 2021

Diese Zahlen zeigen eines klar:

Die Arbeit soll zum Leben passen und nicht umgekehrt.

Dieser Satz beschreibt den Wertewandel bei Arbeitnehmern, insbesondere bei der jüngeren Generation. Gerade im Handwerk, wo Arbeitskräfte dringend gesucht werden, bringen Bewerber Themen wie „Work-Life-Balance" oder „flexible Arbeitszeitmodelle" schon beim Einstellungsgespräch offen und durchaus selbstbewusst auf den Tisch. Deshalb ist eine der Kardinaltugenden von erfolgreichen Betrieben das Eingehen auf Bedürfnisse von Mitarbeitenden.

Schauen wir uns nun also die 8 wichtigsten Potenzialfelder an, die im Handwerk liegen. Diese können Sie ausbauen und nutzen, um als Arbeitgeber attraktiv zu sein und um passende Mitarbeitende anzuziehen und zu binden.

1
Potenzialfeld #1

Flexible Arbeitszeitmodelle, Eingehen auf Bedürfnisse von Mitarbeitenden – Familienfreundlichkeit, anpassbare Leistungsintensität

© *Pixabay*

Zum Thema Vereinbarkeit von Arbeit und Privatleben (also die viel zitierte „Work-Life-Balance") gehört weit mehr als „nur" die klassische Sorgearbeit in Familien wie das Betreuen von Kindern oder die Pflege von Angehörigen. Mitarbeitende erwarten insgesamt eine höhere Flexibilität vom Arbeitgeber. Manche Arbeitnehmer wünschen sich mehr Zeit für ein Hobby, für die eigene Weiterentwicklung oder auch eine Auszeit innerhalb des Arbeitslebens, um sich einen Lebenstraum zu erfüllen.

Das wäre früher in den meisten Betrieben absolut tabu gewesen. So etwas hätte man sich eben für die Rentenzeit aufgespart. Heute aber wollen manche Menschen ihre Herzenswünsche schon früher ausleben. Und so können Sie sich also als Arbeitgeber mit dem Eingehen auf Wünsche loyale und hoch motivierte Mitarbeiter sichern – natürlich im realistischen Rahmen und im Sinne eines ausgewogenen Gebens und Nehmens!

Wer seinen Mitarbeitern entgegenkommen will, muss natürlich erst mal wissen, was diese sich wünschen. Das klingt einfach, scheitert aber in vielen Betrieben an mangelnder Offenheit und Vertrauen untereinander – Stichwort „Betriebsklima"!

Dazu lade ich Sie gleich zu einer Übung ein:

Arbeitgeberwahl: Was Betriebe bieten müssen

Kreuzen Sie an oder schreiben Sie Ihre individuelle Antwort:

- ☐ Wir sind zum Arbeiten da.
- ☐ Unsere Leute kommen gerne hierher.
- ☐ Einer für alle, alle für einen.
- ☐ Bei uns wird viel gelacht.
- ☐ ....
- ☐ ....

Machen Sie dazu auch eine schriftliche Umfrage in Ihrem Betrieb mit der Frage:

„Wie beschreibst du unser Betriebsklima?"
Lassen Sie diese Befragung auch gerne verdeckt ohne Namensnennung oder mit freiwilliger Namensnennung laufen, um möglichst authentische Aussagen zu bekommen. Sie werden beim Lesen interessante Einsichten gewinnen! Decken sich die Aussagen Ihrer Mitarbeitenden mit Ihren eigenen weitgehend? Oder gehen sie weit auseinander? Es wird spannend!

Laden Sie sich gleich die Umfrage als Muster unter folgendem Link herunter:
https://weka.de/bi/Mitarbeiterbindung.zip

oder nutzen Sie den **QR-Code.**

Wenn Sie es schaffen, offen und ehrlich miteinander umzugehen und individuelle Anliegen und Bedürfnisse nicht als Schwäche zu werten, haben Sie schon mal eine gute Basis. Statt bei der gewünschten „Work-Life-Balance" des Mitarbeitenden mit den Augen zu rollen, sollten Sie dieses offensichtliche Bedürfnis schon im Onboarding (Einstellprozess) selbst ansprechen, also klar sagen, was Sie bieten, und Gesprächsbereitschaft signalisieren.

Schon allein Ihr Angebot, im Bedarfsfall zu unterstützen, ist entscheidend dafür, ob Sie als attraktiver Arbeitgeber wahrgenommen werden und sich jemand für Sie entscheidet. Viele Mitarbeiter nutzen das dann gar nicht. Aber sie wollen das Gefühl haben: „Wenn was ist, könnte ich es ansprechen und es wäre Verständnis da und der Wille, mir zu helfen."

Tatsächlich müssen Sie nicht Angst haben, dass auf einmal alle nur noch Teilzeit arbeiten wollen oder junge Väter sich reihenweise in ausgedehnte Elternzeiten verabschieden. Denn – gerade im Handwerk arbeiten Menschen gerne und mit viel Leidenschaft. Sie müssen nur den passenden Rahmen bieten.

Entscheidend wird es dann in konkreten Ausnahmesituationen für Mitarbeitende, wenn Eltern pflegebedürftig werden, Kinder schwer krank sind, wenn eben durch wie auch immer geartete Schicksalsschläge Not am Mann ist. Wie wird dann der Zusammenhalt im Betrieb erlebt? Die positiven Erfahrungen des Sich-aufgehoben-Fühlens und von spontan erhaltener Hilfe vertiefen die Loyalität und Leistungsbereitschaft von Mitarbeitenden enorm.

Das bringt Sie konkret weiter:

- Signalisieren Sie als Führungskraft deutlich Gesprächsbereitschaft und Offenheit, sprechen Sie dies klar aus: *„Meine Tür ist immer offen für dich!"*. Der Königsweg ist es, mit Mitarbeitenden von vornherein offen über mögliche Bedürfnisse zu reden, also bevor diese überhaupt akut werden.
- Führen Sie regelmäßige Mitarbeitergespräche (mindestens 2 × im Jahr), schreiben Sie aus diesen Gesprächen Vereinbarungen auf, halten Sie diese ein.
- Zeigen Sie Interesse und Verständnis für die persönliche Situation des Mitarbeitenden, pflegen Sie den informellen Austausch wie gemeinsame Frühstücke vor der Arbeit, Betriebsfeste.
- Gehen Sie flexibel auf die aktuelle Leistungsbereitschaft ein (z.B. weniger Stunden ermöglichen, wenn Eltern zu pflegen sind etc.).

- Bieten Sie alternative Arbeitszeitmodelle wie die 4-Tage-Woche an, wenn sie realistisch machbar und auch von allen gewünscht sind. Diese Entscheidung muss eine gemeinsame Entscheidung sein.
- Machen Sie Ihre Arbeitgeberattraktivität sichtbar:
  Zeigen Sie Ihre Fähigkeit, auf Mitarbeitende einzugehen, und die gelebte Flexibilität im Betrieb auch nach außen. Social-Media-Posts und selbst gestaltete Mitarbeitervideos auf der Webseite, die positiv davon erzählen, sind kraftvolle Signale nach innen und können auch potenzielle neue Fachkräfte neugierig machen und anziehen.

Fazit

Wenn Sie durch mangelnden Austausch nicht nah genug an Ihren Leuten sind, riskieren Sie, dass sich Mitarbeitende, wenn sie ein ernsthaftes Anliegen haben, mehr und mehr zurückziehen, vielleicht sogar kündigen oder sich einfach durch Krankmeldung mehr Freizeit verschaffen. Der Trend des „Quiet Quitting“ (Dienst nach Vorschrift, innere Kündigung) macht auch im Handwerk nicht halt.

2
Potenzialfeld #2

Gemeinsame Werte – fliegen Sie alle in die gleiche Richtung?

© Pixabay

Dieser Satz ist berühmt und viel zitiert, wenn es darum geht, Menschen zu gemeinsamen Höchstleistungen zu vereinen: *„Wenn du ein Schiff bauen willst, dann trommle nicht Männer zusammen, um Holz zu beschaffen, Aufgaben zu vergeben und die Arbeit einzuteilen, sondern lehre die Männer die Sehnsucht nach dem weiten, endlosen Meer.“* (Antoine de Saint-Exupéry)

Erlebbare Werte wie Wertschätzung, etwas Sinnvolles tun, das Wir-Gefühl in einem unterstützenden Team, Eigenverantwortung und die eigene Entwicklung sind einige wichtige Werte, die heute Menschen im Handwerk dazu bewegen, täglich aufzustehen und ans Werk zu gehen. Denn sture Pflichterfüllung, sich selbst und seine Träume und Wünsche hinten anstellen, sich aufreiben und die Gesundheit ruinieren sind nicht mehr die Leitlinien unserer Arbeitskultur.

Umso mehr sind die eigenen Einstellungen, persönlichen Werte und der übergeordnete Sinn (neudeutsch auch „Mission“ oder „Purpose“) strahlende Fixsterne, nach denen Menschen gerade in persönlich oder gesellschaftlich rauen Zeiten zusammen navigieren können. Wie können Sie dies nun für Ihr Unternehmen nutzen?

Das bringt Sie konkret weiter:

- Wichtiger als irgendwelche anonymen Unternehmensleitbilder oder Plattitüden auf der Webseite wie „Der Kunde steht bei uns im Mittelpunkt" sind heute gemeinsame Einstellungen und Werte, die das ganze Team lebt. Daraus entsteht ein authentischer Firmenkern, der real ist und im Handwerksalltag belastbar.
- Unternehmenswerte wie „Wertschätzung" oder „Vertrauen" sind nur realistisch, wenn sie auch zwischen Führungskräften und Mitarbeitern gelebt werden. Wenn Mitarbeitende Wertschätzung firmenintern erleben, sind sie auch motiviert, diese nach außen in Richtung Kunde zu leben.
- Damit alle diese Werte und Ziele formulieren, tragen und leben, braucht es die Beteiligung aller im Unternehmen. Ein Betrieb ist ein hochindividuelles Gesamtkunstwerk, das aus der Kraft aller besteht.

Gelebte Werte: Was hält Ihren Betrieb zusammen?

Wenn Sie den wahren Kern Ihres Betriebs kennen wollen, ist eine schriftliche Befragung ein optimales Mittel. Hier sind einige konkrete Fragen, die Sie Ihren Mitarbeitenden stellen können:

- Warum sind Sie heute aufgestanden? Mit welchen Gedanken gehen Sie zur Arbeit?
- Wie ist Ihre Haltung zum Kunden? Mit welcher Einstellung und welchen Gedanken gehen Sie in Kontakt mit ihm?
- Schildern Sie Ihre schönsten Kundenerlebnisse, die Ihnen besonders viel Anerkennung und Freude gegeben haben.
- Warum sind Sie Teil unseres Unternehmens? Was ist Ihr besonderer Beitrag?
- Sie werden in der Kneipe auf Ihren Arbeitsplatz angesprochen. Was fällt Ihnen spontan ein?
- Würden Sie anderen unseren Betrieb empfehlen, ebenso dort zu arbeiten? Inwiefern ist unser Betrieb „empfehlenswert", also ein attraktiver Ort?
- Wo sehen Sie sich und unseren Betrieb in 5 Jahren?

Sammeln Sie die Antworten und ziehen Sie die wichtigsten Werte und kraftvollsten Motive Ihres Unternehmens daraus. Ergänzen Sie diese mit Ihren persönlichen Werten als Führungskraft. Entwickeln Sie einen Text und achten Sie auf konkrete anschauliche Sprache. Stellen Sie diesen Text als Entwurf Ihrem Team vor, ergänzen Sie ihn und verabschieden Sie diese gemeinsamen Werte. Auf der Webseite können Sie auch die einzelnen Werte durch Kurzvideos von Ihren Mitarbeitern erklären lassen.

Laden Sie sich gleich die Befragung als Muster unter folgendem Link herunter:
https://weka.de/bi/Mitarbeiterbindung.zip

oder nutzen Sie den **QR-Code.**

Ein Beispiel für eine Darstellung von Firmenwerten auf der Webseite:
https://malerschmidt.info/ueber-uns/#philosophie

oder nutzen Sie den **QR-Code.**

Fazit

Niemand kann sich mit ihm vorgesetzten Werten oder Haltungen identifizieren. Menschen mögen es, um ihre Meinung gefragt und einbezogen zu werden. Dadurch entsteht ein Gefühl der Zugehörigkeit und Wertigkeit. Durch die Einbindung Ihres Teams in die Mitarbeiterbefragung erfahren Sie viel Persönliches und manchmal auch Überraschendes. Sie wissen, worauf Sie bauen können, und die dann gemeinsam verabschiedeten Werte sind eine kraftvolle tragende Basis Ihres unternehmerischen Erfolgs.

3
Potenzialfeld #3

Klare Orientierung und Ziele, gemeinsame Spielregeln und Servicestandards

© *Pixabay*

Kennen Sie das? Sie haben eine tolle Service-Idee und möchten neue Verhaltensweisen im Betrieb einführen, aber trotz Anweisung werden Ihre Vorstellungen nicht oder nur schleppend umgesetzt. Warum?

Menschen sperren sich oft gegen Änderungen („Was denn noch alles?") und blocken ab. Dabei sind verbindliche „Servicestandards" im Umgang mit Kunden sehr nützlich und kraftvoll, wenn das Team richtig mitgenommen wird. Diese individuellen „Spielregeln" erhöhen die Anziehung für besonders lukrative Kundengruppen und machen den Betrieb als einmalige Marke erlebbar. Sie stärken die Mitarbeitenden als vollwertige Botschafterinnen und Botschafter Ihres Unternehmens.

Denn gerade bei handwerklichen Leistungen bewertet der Kunde vorrangig, WIE diese umgesetzt werden und WIE der persönliche Kontakt gestaltet wird. Befürchtungen und Erwartungen der Kunden genau zu kennen erspart Stresssituationen und verhilft Mitarbeitenden zu aufbauenden Erfolgserlebnissen.

Das bringt Sie konkret weiter:

Viele Unternehmen haben Spielregeln, sie wissen es nur nicht.

Gehen Sie Ihren unbewussten Spielregeln mit diesen Fragen auf den Grund und schreiben Sie Ihre Antworten auf:

- Was macht uns heute schon einmalig?
- Wovon schwärmen unsere Kunden in ihren Rückmeldungen am meisten?
- Mit welchen Verhaltens- und Arbeitsweisen bekommen wir die besten Bewertungen?
- Welches sind typische „Aha"-Erlebnisse, die Kunden begeistern und dem Team Erfolgserlebnisse bescheren?

Durch die Antworten bekommen Sie ein Bild, was Ihre Kunden lieben, wo Sie mit Ihren Kunden „matchen" und was Sie und Ihr Team stolz und stark macht.

Um das noch zu toppen, machen Sie dann eine „Reise" durch einen typischen Auftrag unter der Frage:

Wie wollen wir beim Kunden positiv in Erinnerung bleiben?
Was sind typische Erkennungsmerkmale unseres Umgangs, unserer Arbeitsweise, unserer Haltung zu Kunden?, und zwar:

- beim Erstkontakt am Telefon und per Mail
- vom ersten Eindruck direkt beim Kunden bis zur Abnahme und Einholung von Bewertungen
- in der Ausstattung (berufliches Outfit, Fahrzeuge, Werkzeuge, Unterlagen ...)
- im Verhalten in Reklamationssituationen oder wenn Fehler passieren

Laden Sie sich gleich die Befragung als Muster unter folgendem Link herunter:
https://weka.de/bi/Mitarbeiterbindung.zip

oder nutzen Sie den **QR-Code.**

Wenn Sie Ihre Servicestandards schriftlich gesammelt haben, lassen Sie diese von Ihrem Team ergänzen und mit „verabschieden". Geben Sie Ihren Spielregeln ein ansprechendes „Outfit" (aktivierender Text, keine Befehlsform, frische Optik) und veröffentlichen Sie diese intern.

Stellen Sie die persönlichen Vorteile heraus, die so für die Mitarbeiter entstehen (z.B. der Kunde ist von Anfang an begeistert, guter Kontakt mit ihm, leichteres und ungestörtes Arbeiten, weniger Stress ...).

Fazit

Ihre firmenspezifischen Spielregeln werden dann gelebt, wenn Sie diese als Führungskraft vorleben und Ihr Team daran beteiligen. Servicestandards werden zum Selbstläufer, wenn damit das Leben für alle leichter und schöner wird. Wecken Sie so den Stolz und das Bedürfnis Ihres Teams, Teil eines so einmaligen Betriebs zu sein. Mit transparenten Spielregeln und Ihrem authentischen Unternehmensspirit ziehen Sie dann auch passende neue Fachkräfte an und erleichtern das Onboarding deutlich.

4
Potenzialfeld #4

Führungskräfte als Vorbilder, Stolz auf den Betrieb, Vertrauenskultur

© Pixabay

Kennen Sie den Spruch „*Wenn ich um Menschen Zäune baue, bekomme ich Schafe*“? Fakt ist: Wir limitieren mit unseren Urteilen und Annahmen die Fähigkeiten unserer Mitarbeitenden.

Wenn Sie jedoch Menschen bewusst und klar formuliert Vertrauen schenken, im richtigen Maße und langsam wachsend, bekommen diese mehr Selbstbewusstsein und große Eigenständigkeit. Daraus resultieren mehr Erfolgserlebnisse und somit Stolz auf die eigenen Fähigkeiten.

Und am Ende fühlen sich alle mehr verbunden mit dem Betrieb. Wenn uns jemand sein Vertrauen klar und deutlich ausspricht, fühlen wir uns umso mehr ermächtigt und fähig, es zu schaffen. Denn wir wollen das Vertrauen des anderen nicht enttäuschen. Und unsere Ergebnisse und Leistungen werden dann nachweislich besser. Nutzen Sie diesen bekannten „Pygmalion-Effekt“!

Das bringt Sie konkret weiter:

Leben Sie Vertrauen mit Ihrem Team?

Schreiben Sie dazu Ihre Gedanken auf. Machen Sie eine Bestandsaufnahme. Prüfen Sie Ihre eigenen Haltungen und beantworten Sie sich diese Fragen schonungslos ehrlich:

- Was denke ich wirklich von meinen Mitarbeitern?
- Bei wem habe ich Vorurteile und (ungeprüfte) Vorbehalte und warum?
- Mit wem arbeite ich aus vollem Herzen gerne zusammen?

Laden Sie sich gleich die Befragung als Muster unter folgendem Link herunter:
https://weka.de/bi/Mitarbeiterbindung.zip

oder nutzen Sie den **QR-Code.**

- Sprechen Sie Mitarbeitenden das Vertrauen direkt und persönlich aus:
  „Ich schätze dich wirklich sehr. Ich bin sicher, du wirst dieses Projekt top durchziehen. Ich stehe voll hinter dir."
  „Ich bin wirklich froh, dich in meinem Team zu haben. Du hast mein volles Vertrauen. Du bist genau der/die Richtige für diesen kniffligen Auftrag."
- Führen Sie im Team den regelmäßigen Austausch darüber ein, was richtig gut lief, welche außergewöhnlichen Leistungen es gab, wo Mitarbeiter über ihre Komfortzone hinausgegangen sind und eigenständig genau das Richtige gemacht haben. Bestärken Sie alle darin, zeigen Sie, dass Sie ein solches Verhalten ausdrücklich wünschen. Fragen Sie bewusst nach:
  „Was lief diese Woche richtig gut bei euch? Worauf seid ihr stolz?"
- Bestärken Sie alles, was den gemeinsamen Erfolg unterstützt. Lassen Sie Ihre Mitarbeiter in eigenen Instagram-Kanälen über deren Arbeitsalltag, witzige Erlebnisse und Erfolgsgeschichten mit Kunden berichten. Geben

Sie ihnen (nach Klärung gemeinsamer Regeln) die Befugnis, selbst „Botschafter“ und „Redakteure“ zu sein. Mischen Sie sich nicht ein, lassen Sie sie machen.

Fazit

Der Stolz auf eine Firmenzugehörigkeit entsteht bei Mitarbeitern ganz stark durch außergewöhnliche Erlebnisse: Verständnis und Hilfe bei schwierigen Lebenssituationen, gemeinsam gemeisterte, sehr anspruchsvolle Projekte, Übertragung von neuen Aufgaben („Ich traue es dir zu, du schaffst das“), Erlebnisse von Rückhalt, gerade wenn Fehler passieren, Würdigung von eigenen außergewöhnlichen Leistungen und eingebrachten Ideen.

5
Potenzialfeld #5

Aufbauende Kundenerlebnisse, erlebte Wertschätzung

© *iStock.com/fizkes*

Kennen Sie das? Sie und Ihr Team hatten eine intensive Woche mit vielen Kundenkontakten. Von den zufriedenen Kunden haben Sie nach Auftragsende meistens nichts mehr gehört. Aber die Unzufriedenen haben sich sofort gemeldet. Gefühlt überwiegen für Sie also Reklamationen und unangenehme Gespräche, obwohl Sie alle richtig gute Arbeit geleistet haben.

Es gilt eben immer leider noch das Motto: „*Nicht geschimpft ist genug gelobt.*" Warum eigentlich? Wir merken uns negative Ereignisse 10-mal besser als positive. Das ist evolutionär bedingt. Es war einmal überlebenswichtig, sich gefährliche (negative) Situationen einzuprägen, um daraus zu lernen und zu überleben. Aber zu wenig positive Resonanz blutet uns dauerhaft aus.

Was können Sie da zum Besseren ändern?

Der Schlüssel dafür liegt darin, der aktive Regisseur im Kundenkontakt, also nicht Opfer, sondern Gestalter zu sein. Das geht bei der eigenen inneren Haltung los.

Hand aufs Herz: Wie denken Sie über Ihre Kunden? Welche Annahmen haben Sie?

Schreiben Sie zu diesen Fragen Ihre ehrlichen Antworten auf:

....

....

....

....

Laden Sie sich gleich die Befragung als Muster unter folgendem Link herunter:
https://weka.de/bi/Mitarbeiterbindung.zip

oder nutzen Sie den **QR-Code.**

Eine neutrale, offene und menschenfreundliche Grundhaltung *(„Ich bin o.k. – du bist o.k.“)* entspannt Sie und lässt Sie beim Kunden und Ihrem Team gegenüber offen wirken. Wie ist Ihre Haltung zu Ihrer Leistung, zu dem, was Sie dem Kunden bringen? Denken Sie *„Der kann froh sein, wenn ich überhaupt komme!“* oder freuen Sie sich, Ihren Kunden mit Ihren Fähigkeiten zu begeistern?

Gestalten Sie und Ihr Team den Auftragsabschluss beim Kunden bewusst oder wollen Sie nur schnell Feierabend machen? Sie können zusammen bewusst Situationen und Erfolgserlebnisse mit Kunden gestalten, die SIE alle aufbauen!

Das bringt Sie konkret weiter:

- Guter Start: Beginnen Sie Ihren Tag mit ausreichend Anlaufzeit, einem guten Frühstück, einem Morgenritual, das Ihnen Kraft gibt und Sie ganz präsent macht. Stellen Sie sich Ihren Tag vor, wie er Ihnen gelingt.

- Sorgen Sie dafür, dass Ihr erster Kundenkontakt pünktlich und ohne Hetze läuft. Wenn Sie nicht pünktlich beim Kunden ankommen können, rufen Sie ihn rechtzeitig an. So vermeiden Sie es, den Tag schon mit Stress zu beginnen.
- Nehmen Sie sich Zeit, Ihren Kunden zu begrüßen, sich bekannt zu machen. Stellen Sie sich mit Ihrem Vor- und Nachnamen vor, so versteht man Ihren Nachnamen besser und Sie wirken automatisch vertrauter und sympathischer. Wenn Sie den Namen Ihres Kunden verwenden, fühlt er sich sofort besser. So begegnen Sie sich auf Augenhöhe!
- Erklären Sie, was Sie tun werden, geben Sie Ihrem Kunden die für ihn wichtigen Informationen. Das entspannt ihn und Sie wirken souverän und professionell. Bleiben Sie während des ganzen Auftrags der aktiv Kommunizierende.
- Vereinbaren Sie rechtzeitig ein Abnahmegespräch, damit der Kunde sich dafür Zeit nimmt. Nutzen Sie die Abnahme, um Ihr Werk zu präsentieren, die Vorteile und Ihre Leistung zu betonen. Damit laden Sie Ihren Kunden quasi zum Loben ein und fokussieren ihn auf das Positive. Teilen Sie Gefühle wie Freude und Stolz mit dem Kunden. Dadurch erhöhen auch Sie Ihre Zufriedenheit. Holen Sie sich aktiv Feedback vom Kunden: *„Ich freue mich, dass Sie mit Ihrer neuen Küche so zufrieden sind. Wie haben Sie meine/unsere Arbeitsweise hier bei Ihnen erlebt?"*

Fazit

Selbst wenn Sie sehr herausfordernde Kunden erlebt haben, machen Sie sich bewusst, wie Sie diese Situationen gemeistert haben. Wie haben Sie es geschafft, mit dem Kunden eine gute Lösung zu finden? Wo haben Sie völlig zu Recht Grenzen gezogen und gut für sich gesorgt? Schließen Sie vorm Nachhausegehen Ihren Arbeitstag bewusst ab. Holen Sie die aufbauenden Situationen mit Kunden und mit Ihrem Team, die Sie heute erlebt haben, noch mal in Ihr Gedächtnis.

6
Potenzialfeld #6

Wertschätzende Feedbackkultur, sich gegenseitig aufbauen

© *iStock.com/skynesher*

Gerade das Handwerk ist prädestiniert dafür, mit seinen vielfältigen Kontaktpunkten für gut erinnerbare, positive Situationen zu sorgen und so den Kunden zu Anerkennung und aufbauendem Feedback zu bewegen.

Egal, ob Sie und Ihr Team dem Kunden aus einer technischen Notlage helfen oder ihm seinen lang gehegten Traum von einer renovierten Wohnung erfüllen … beim Kunden sind dabei immer starke Gefühle im Spiel: Anspannung, Freude, Erleichterung, Stolz.

Als Handwerker begegnen Sie Kunden in Ausnahmesituationen in deren vier Wänden und so ist es einfach, Dankbarkeit und Loyalität beim Kunden zu erzeugen. Die zweite Kraftquelle sind Sie selbst als Führungskraft und Ihr ganzes Team. Sie alle zusammen haben es täglich in der Hand, ob Sie am Ende des Tages ausgelaugt oder mit einem satten, guten Gefühl heimgehen!

Das bringt Sie konkret weiter:

- Kunden sprechen gerne Wertschätzung aus, wenn sie sogenannte „Serviceerlebnisse“ hatten, die sich mittels des Neurotransmitters Dopamin ins Gehirn einbrennen. Sorgen Sie also beim Kunden für unerwartete positive Erlebnisse vom Erstkontakt bis zu einer entspannten Abnahme.
- Wenn Sie zum Auftragsende die Kundenzufriedenheit abfragen, können Sie mit einem Online-Feedbacksystem auf dem Smartphone oder Laptop gleich die Bewertung einholen, die dann sofort online sichtbar wird.
- Auch als Führungskraft brauchen Sie Lob. Sagen Sie Ihrem Team ehrlich, dass Sie ausgesprochene Anerkennung sehr gut brauchen können. Machen Sie in Teamsitzungen eine Liste, auf der Mitarbeitende ihre Wünsche, aber auch ihr Lob der Geschäftsleitung gegenüber niederschreiben können: *„Was findet ihr gut daran, hier bei uns zu arbeiten?“*
- Bestärken Sie als Vorbild eine Kultur der Wertschätzung in Ihrem Betrieb: Überraschende kleine Aufmerksamkeiten, ein Restaurantgutschein, ein Tankgutschein, ein besonderes Frühstück mit allen zusammen, eine spontane Grillparty, ein Ausflug … oder auch einfach ein paar Sätze aus dem Herzen heraus, die richtig guttun:
  „Was ihr geleistet habt, ist sensationell, ich danke euch.“ „Ich bin froh, dich im Team zu haben. Danke dir, dass du bei uns bist.“

Fazit

Benutzen Sie seriöse Feedback- und Bewertungssysteme wie ProvenExpert, mit denen Sie im Nachgang des Auftrags beim Kunden aktiv eine Referenzaussage und Bewertung einholen.

Die Kundenaussagen und vergebene Sternchen sind dann auf Ihrer Webseite für alle online einsehbar. Machen Sie regelmäßige Besprechungen, bei denen Sie nicht nur Probleme wälzen und Fehler durchkauen, sondern im gleichen Maß auch besonders gut gelaufene Projekte und schöne Kundenrückmeldungen teilen. Drücken Sie in Teamsitzungen Ihre Wertschätzung aus, bedanken Sie sich bei Ihren Leuten für den großartigen Einsatz. Zeigen Sie Gefühle, seien Sie nahbar.

So schaffen Sie ein Klima, in dem auch Ihre Mitarbeitenden wertschätzender miteinander umgehen und Anerkennung auszusprechen ganz „normal“ wird.

Hier geht's zur ProvenExpert-Webseite:
www.provenexpert.com/de-de/

oder nutzen Sie den **QR-Code.**

7
Potenzialfeld #7

Sinn erleben, Spielräume, gemeinsam etwas bewegen

© *Pixabay*

Die wichtigsten Antriebskräfte des Menschen sind das Bedürfnis, einer Gemeinschaft anzugehören und Autonomie zu leben. Beide Kräfte können Sie im Handwerk tagtäglich leben. Ein starkes Team, das sich gegenseitig stützt, gemeinsame Werte und Loyalität und auf der anderen Seite eine gewisse Freiheit, Entscheidungsspielräume zu haben und persönlich Sinn und Erfüllung zu erleben.

Alte Führungsweisen wie *„Vertrauen ist gut, Kontrolle ist besser"* mit wenig Beteiligungsmöglichkeiten stehen dem manchmal noch entgegen. Das Handwerk bietet enorme Möglichkeiten, sich als selbstwirksam in vielfältigen, sinnvollen Aufgaben zu erleben und einen einmaligen Lern- und Wachstumsprozess zu durchlaufen. Nutzen Sie diesen Schatz!

Das bringt Sie konkret weiter:

- Machen Sie Ihren Mitarbeitenden bewusst, dass sie als Retter, Wunscherfüller und Problemlöser wahre Heldinnen und Helden sind und was ihre handwerkliche Dienstleistung für den Kunden bedeutet. Besprechen Sie auch besonders knifflige Aufträge und große Einsätze nach und bedanken Sie sich für das Engagement Ihrer Leute – es ist nicht selbstverständlich.

- Machen Sie Ihrem Team die Wertigkeit und Sinnhaftigkeit ihrer Arbeit bewusst, indem Sie immer wieder positive Rückmeldungen von dankbaren Kunden an sie weitergeben und in Teambesprechungen oder im 4-Augen-Gespräch diese Aussagen vorlesen. Holen Sie kontinuierlich Feedback bei Kunden ein, damit Sie immer genug aufbauende Aussagen verfügbar haben.
- Überlegen Sie, wie Sie das Know-how Ihrer Mitarbeitenden fördern und allen bewusst machen können. Ermutigen Sie Ihre Mitarbeitenden, sich mit Anregungen und Ideen an Sie oder einen anderen Ansprechpartner zu wenden bzw. dies in ein firmeneigenes „Wissensnetz" einzuspeisen. Fragen Sie ganz konkret bei Ihren Mitarbeitenden nach:
  „Wie könnte man Abläufe anders und besser machen? Wie könnten wir immer wieder auftauchende Fehler vermeiden?"
- Gehen Sie mit dem Know-how Ihrer Mitarbeitenden gut um. Wenn es also einen firmeninternen Verbesserungsvorschlag gab, der klar nachvollziehbar eine deutliche Optimierung darstellt und Ihnen schon viel Zeit und Geld gespart hat, seien Sie großzügig mit ausgedrücktem Dank, Lob und spontaner Belohnung. Lassen Sie sich etwas Persönliches als Dankeschön einfallen oder zahlen Sie eine konkrete finanzielle Prämie aus.
- Geben Sie „Spielraum" und loben Sie Handlungsfreiräume aus. Das kann ein kleines Budget pro Auftrag/Kunde sein und der freie Rücken für eigene Entscheidungen im Auftragsablauf.

Fazit

Es ist wissenschaftlich nachgewiesen, dass es sich ganz konkret auswirkt, was wir von unseren Mitmenschen halten, ob wir an sie glauben oder nicht. Der Merksatz *„Bestärke, was du sehen willst!"* macht klar, wie machtvoll unsere Einstellungen zu Menschen deren Ergebnisse formen. Also: Je klarer Sie Ihrem Team Vertrauen, Lösungsfähigkeit und Kompetenz aussprechen, umso mehr werden diese ihre Potenziale spüren und für den gemeinsamen Betrieb auch anzapfen. Zeigen Sie Ihrem Team, wie stark sie zusammen sind und wie viel sie als Einzelne und zusammen bewirken können.

8
Potenzialfeld #8

Konstruktive Fehlerkultur, lebenslanges Lernen, Eigenverantwortung

© fottoo – stock.adobe.com

Kennen Sie das? Manche Mitarbeitende vertuschen selbstverursachte Schäden, schieben anderen Fehler in die Schuhe, ducken sich weg? Wenn es dann herauskommt, sind Sie enttäuscht, Kunden sind verärgert und Ihr Verhältnis zu diesen Mitarbeitenden ist getrübt. Der Schaden kann groß sein. Fehler zuzugeben ist bei manchen Menschen mit Angst und Scham belegt.

Wie können Sie dem bewusst begegnen und sogar etwas Positives für alle daraus ziehen?

Die Erfahrung, Fehler angstfrei zugeben zu können und nicht dafür verurteilt zu werden, gemeinsam Lösungen zu finden und täglich dazuzulernen, verschafft Mitarbeitenden das Gefühl, im Betrieb als Mensch gesehen zu werden. Denn nur wer nichts tut, macht keine Fehler.

Damit Menschen selbstbewusst zu Fehlern stehen können, brauchen sie einen gestärkten Rücken. Hier hilft eine offen kommunizierte und für alle bekannte Umgangsweise mit Fehlern, worauf sich alle verlassen können. Fehler können dann auch eine Quelle für wertvolle Denkanstöße und optimierte Arbeitsweisen sein.

Das bringt Sie konkret weiter:

Machen Sie sich zu dieser Frage konkret Gedanken: Wie wollen Sie in Ihrem Betrieb mit Fehlern umgehen?

Stellen Sie dazu Ihre Ideen schriftlich zusammen, wie Sie Offenheit und Ehrlichkeit gemeinsam leben wollen und wie aus gemachten Fehlern kontinuierliche Verbesserungen folgen können. Stellen Sie diese Ihrem Team vor und vereinbaren Sie ein gemeinsames Vorgehen bei Fehlern, sodass alle wissen, worauf sie sich verlassen können.

....

....

....

Laden Sie sich gleich die Befragung als Muster unter folgendem Link herunter:
https://weka.de/bi/Mitarbeiterbindung.zip

oder nutzen Sie den **QR-Code.**

Machen Sie dieses Commitment öffentlich, lassen Sie alle daran teilhaben und sich dazu bekennen. In dem Austausch dazu werden Sie dann spüren, welche Ängste oder Vorbehalte Ihre Mitarbeitenden vielleicht doch noch haben, und können diese in Gesprächen ausräumen.

- Wenn Sie so „klare Kante" zum Thema „Fehler" kommunizieren und vorleben, werden Ihre Erwartungen klar. Sie bieten Vertrauen an und setzen Ehrlichkeit voraus. Somit haben Ihre Mitarbeitenden eine verlässliche Linie, an die sie sich halten können.
- Ermutigen Sie Ihre Mitarbeitenden, aus Fehlern zu lernen und diese Lernerfahrung zu teilen. Dies unterstützen Sie, indem Sie Fehler in Besprechungen tabulos und ohne persönliche Schuldzuweisung ansprechen und das Wissen Ihres Teams anzapfen:

„Dieser Fehler ist nun schon mehrfach in unseren Abläufen aufgetaucht. Was können wir konkret tun, um hier eine signifikante Veränderung zu schaffen? Was sind gangbare Alternativen?“

- Wenn besonders gute Lösungen und neue wertvolle Erkenntnisse aus Fehlern entstehen, bestärken Sie diese Gewinne im Sinne des lebenslangen Lernens. Lassen Sie frische Ideen zu, auch von jüngeren Mitarbeitenden. Zeigen Sie, wie willkommen Ihnen alle Beiträge sind.

Fazit

Damit das Fehlerthema aus der Tabuzone verschwindet, ist auch ein freundlicher Umgang untereinander wichtig. Machen Sie klar, dass Sie sich eine unterstützende Haltung – auch unter den Kollegen – wünschen. Manche Firmen feiern den „Fehler des Monats“ und seine positiven Auswirkungen und Lerngewinne daraus. Ein schönes Beispiel, wie ich finde. Auch da sind Ihrer Fantasie keine Grenzen gesetzt – viel Erfolg dabei!

9
Ihr Selbst-Test

Ihr Selbst-Test: Und wie sieht es Stand heute bei Ihnen im Betrieb aus?

Die 8 wichtigsten Potenziale für Mitarbeiteranziehung und Bindung

Füllen Sie diese Grafik nach Ihrer Einsch3ätzung aus, verbinden Sie die 8 Punkte und Sie erhalten eine ganz individuelle Landkarte der Stärken und noch offenen Potenziale Ihres Betriebs.

1 = gering entwickelt/vorhanden, 8 = vollständig entwickelt/vorhanden

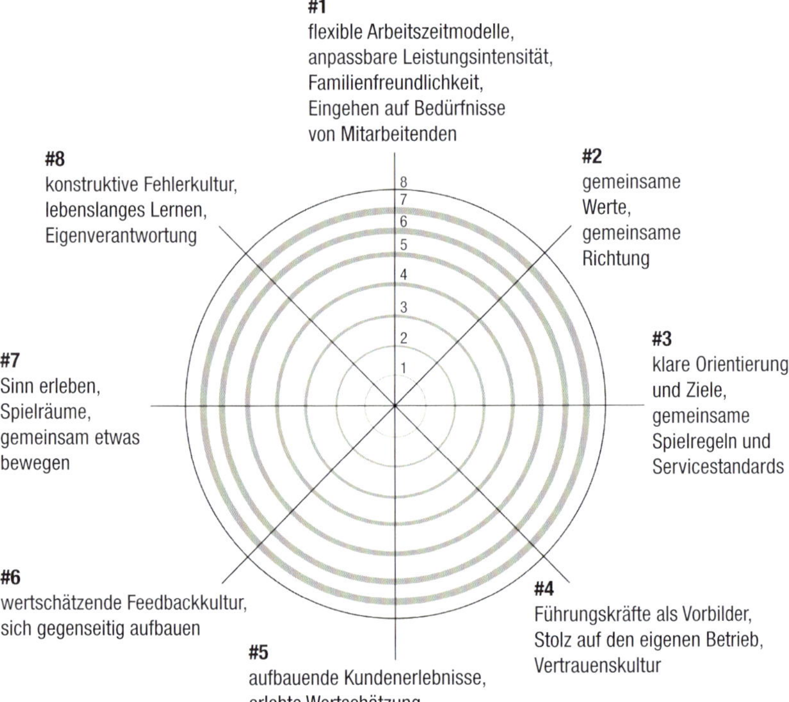

(Copyright & Grafik: Umberta Andrea Simonis)

Laden Sie sich gleich den Selbst-Test unter folgendem Link herunter:
https://weka.de/bi/Mitarbeiterbindung.zip

oder nutzen Sie den **QR-Code.**

Ich wünsche Ihnen viele spannende Erkenntnisse dabei und eine erfolgreiche Umsetzung meiner Impulse. Wenn Sie Unterstützung brauchen, wenden Sie sich gerne an mich.

Ihre Umberta Andrea Simonis

Weitere Informationen und Kontakt zu Umberta Andrea Simonis:
www.simonis-servicekultur.de

oder nutzen Sie den **QR-Code.**